RAPPORT

SUR

LE CONCOURS

POUR

LE PERCEMENT DES PUITS FORÉS,

Suivant la méthode artésienne,

Fait à la Société royale et centrale d'agriculture, dans sa
séance publique du 26 avril 1835;

PAR

MM. Girard (de l'Institut), Chevreul, le
vicomte Héricart de Thury, rapporteur.

PARIS,

IMPRIMERIE DE Mme HUZARD (née VALLAT LA CHAPELLE),

LIBRAIRE DE LA SOCIÉTÉ,

RUE DE L'ÉPERON-SAINT-ANDRÉ-DES-ARCS, N° 7.

1835.

(Extrait des *Mémoires de la Société royale et centrale d'Agriculture*, Année 1835.)

RAPPORT

Sur le concours pour le percement des puits forés, suivant la méthode artésienne.—Commissaires, MM. Girard (de l'Institut), Chevreul, le vicomte Héricart de Thury, rapporteur.

Messieurs,

L'extrême sécheresse de l'été dernier, le desséchement général des sources, des mares et des abreuvoirs, l'abaissement rapide, ou même l'épuisement total de la plupart des puits, la difficulté des arrosemens, et souvent l'impossibilité d'abreuver les bestiaux, la cherté de l'eau, vendue dans quelques pays jusqu'à 3, 4 et 5 fr. l'hectolitre ; enfin, les désastres des incendies et le manque d'eau pour les éteindre, ont, plus que jamais, fait sentir la nécessité de rechercher des moyens pour mettre, à l'avenir, les cultivateurs et les campagnes à l'abri des sécheresses et de leurs malheureuses conséquences.

Dès son origine, la Société royale et centrale d'agriculture, frappée des suites de ces sécheresses dévorantes qui désolent si fréquemment le midi de la France, s'occupa de cette importante question. Elle ouvrit des concours, elle proposa des prix, et c'est aux encouragemens qu'elle a successivement distribués que nous devons les divers traités qui ont été publiés sur les canaux d'arrosage et les bassins ou réservoirs artificiels destinés aux irrigations. Mais ces moyens ayant encore été reconnus insuffisans lors de la succession de plusieurs années de sécheresse par le tarissement des sources de ces réservoirs ou de ces canaux, la Société a cru devoir particulièrement encourager l'art du fontainier-sondeur pour propager l'industrie des puits forés et l'établissement de ces sources intarissables que les sondeurs vont chercher avec tant de succès dans les plus grandes profondeurs de la terre, véritables sources de prospérité, moyens puissans et infaillibles de remédier aux fléaux des sécheresses les plus désastreuses.

Dans le grand nombre de puits artésiens qui ont été forés cette année par MM. *Mulot* et *Degousée*, auxquels la Société a décerné, les années dernières, des prix et des médailles pour leurs admirables travaux, il en est plusieurs qui méritent d'être distingués pour les résultats qu'ils ont donnés, résultats qui sont même tels qu'ils ont d'abord paru peu vraisemblables, et que, pour en parler, nous avons dû attendre les preuves qui les constataient.

Ainsi, M. *Degousée*, tout en forant avec un succès complet à Tours et dans le bassin de la Loire ces beaux puits artésiens de plus de 100 mètres de profondeur, qui ont fait surgir des sources jaillissantes donnant 500 mètres cubes d'eau par vingt-quatre heures, en a foré avec égal succès dans le bassin de la Seine à Essonne, Corbeil et Soisy-sous-Étioles, et présentement il en perce un dans le département de l'Yonne, à Saint-Fargeau, qui aura pour nous le double avantage de nous présenter l'ordre encore inconnu de toutes les superpositions qui recouvrent dans ce pays les terrains d'ancienne formation.

De son côté, M. *Mulot*, après avoir percé de nombreux puits jaillissans à Saint-Denis, en a été forer plusieurs à Elbeuf, avec un tel succès que leurs eaux se sont élevées à plus de 30 mètres de hauteur (100 pieds), en donnant, comme ceux de Tours, 500 mètres cubes par vingt-quatre heures; et, tout en faisant ces belles opérations, M. *Mulot* a poursuivi son grand forage de l'abattoir de Grenelle de Paris, présentement arrivé à la profondeur de 200 mètres (600 pieds) dans la craie, dont il doit entièrement percer la masse, eût-elle 400 mètres (1,200 pieds) de puissance.

Tels sont, Messieurs, les succès obtenus par ces deux habiles sondeurs, que tous les frais de forage faits par M. *Degousée* pour le puits artésien du quartier de cavalerie à Tours, et par M. *Mulot* dans le château de Vincennes et la grande caserne de Saint-Denis, que tous les frais de forage, dis-je, ne s'élèvent qu'au prix de l'abonnement que le Gouvernement payait annuellement pour leur approvisionnement d'eau.

De tels succès ont dû et ont en effet causé un élan, un enthousiasme général pour les puits artésiens. Partout on a voulu en forer; malheureusement on n'a pas, préalablement, partout examiné s'il y avait des chances de succès, et souvent on n'a pas hésité à se charger d'entreprendre des forages, ne doutant pas, parce que l'on avait une sonde, que l'on ne fût fontainier-sondeur, et, conséquemment, en état de faire des puits forés. Mais, par suite, Messieurs, que de mécomptes, que de désappointemens dans beaucoup d'endroits, et, par suite encore, que de fausses idées sur les puits forés, parce que les premiers, mal entrepris, ont été manqués !

Aussi, ne saurions-nous trop le répéter,

C'est la moindre chose que d'avoir une sonde.

Avec une sonde on peut chercher de la marne,
du plâtre, du sel, de la houille.

Mais pour faire des puits forés, pour les bien établir, et surtout pour faire surgir des eaux jaillissantes, les maintenir dans une quantité constante, sans aucune perte ni diminution, il faut commencer par bien étudier la nature du pays pour ne pas se hasarder dans une entre-prise qui ne présenterait aucune chance de succès, il faut donc des connaissances en géognosie, il faut enfin une certaine expérience, en fait de sondage, qu'on n'acquiert que par la pratique.

Combien, à ce sujet, nous pourrions citer de puits forés manqués, les uns pour avoir été entrepris dans des terrains dont il n'y avait rien à espérer, et les autres qui avaient d'abord réussi, mais qui ont été promptement perdus, faute d'expérience de la part des entrepreneurs, les eaux qui avaient surgi lors du percement s'é-tant ensuite détournées et infiltrées dans des terrains perméables ou caverneux, parce que ces puits avaient été mal tubés, ou que même ils ne l'avaient pas été, les sondeurs n'ayant pas reconnu la perméabilité des terrains traversés.

Mais si nous avons à regretter quelques tentatives manquées ou faites infructueusement, nous avons aussi, Messieurs, à vous signaler des succès importans obtenus par de nouveaux sondeurs.

Départemens de l'Allier et du Puy-de-Dôme.
(M. Laplanche.)

Ainsi, dans les départemens de l'Allier et du Puy-de-Dôme, M. *Laplanche*, architecte, après avoir fait construire une sonde à ses frais, d'après le *Manuel du fontainier-sondeur* de *Garnier*, et avoir étudié la manœuvre du forage chez l'un de nos premiers sondeurs, a d'abord fait chez lui, à Gannat, un puits foré de 84 mètres (258 pieds) pour bien connaître et apprécier les difficultés qu'il pourrait rencontrer et qu'il aurait à vaincre dans les forages qu'il se proposait de faire dans les départemens de l'Allier et du Puy-de-Dôme. Parmi les diverses nappes d'eau traversées dans son puits, M. *Laplanche* en a reconnu une fortement acidulée d'acide carbonique.

Après ce premier essai, il a successivement foré à Randan, à Clermont, à Gannat, à Jeuzat, etc., etc., dix autres puits dont les eaux sont actuellement employées pour des irrigations, pour abreuver des bestiaux, pour des bains ; enfin, pour tous les usages économiques et industriels.

Ces puits sont les premiers qui ont été forés dans ces divers pays. Ils ont éveillé l'attention sur cette industrie, qui paraît devoir s'y propager rapidement.

Un des trois puits percés à Randan, dans le parc du château de S. A. R. Madame Adélaïde d'Orléans, a présentement 185 mètres (568 p.) de profondeur. Il a traversé plusieurs nappes d'eau ascendantes, dont une s'élève près de la surface du sol, et, d'après la nature des terrains traversés, nous ne doutons pas que, malgré la hauteur de Randan, ce puits ne donne des eaux jaillissantes après le percement de la grande masse des argiles marneuses.

M. *Laplanche,* tout en se livrant à ses opérations de sondage, a encore rendu un service de la plus haute importance à l'agriculture par la découverte d'amas de plâtre et de marne jusqu'alors ignorés, qu'il a fait connaître aux habitans du pays, et qui sont aujourd'hui exploités pour l'amendement des terres et des prairies artificielles.

La Société royale et centrale d'agriculture, prenant en considération les nombreux travaux de sondage de puits artésiens faits dans les départemens de l'Allier et du Puy-de-Dôme, par M. *Laplanche*, architecte à Gannat, et la découverte des amas de plâtre et de marne jusqu'alors ignorés, qu'il a fait connaître aux habitans du pays, en leur enseignant l'usage qu'ils pouvaient en faire comme amendement et stimulant pour les prairies artificielles, a décidé qu'elle lui décernerait, en séance publique, sa médaille d'or à l'effigie d'*Olivier de Serres*.

Département des Pyrénées-Orientales.
(*MM.* Fabre *et* Espériquette.)

En 1829, la Société d'agriculture du département des Pyrénées-Orientales fit l'acquisition d'une sonde de fontainier, et offrit une prime à celui qui le premier en ferait usage avec succès. M. *Fraisse*, aîné, se chargea, le manuel de *Garnier* à la main, de faire le premier essai. Une réussite complète couronna son essai : vous lui avez donné, Messieurs, en 1830, une médaille d'or.

D'après le succès de M. *Fraisse*, plusieurs propriétaires s'inscrivirent pour avoir cette sonde, la ville de Perpignan la demanda pour un sondage qu'elle voulait faire sur sa place royale ; elle obtint la priorité. Le sondage fut mis en adjudication ; elle échut à quatre serruriers-mécaniciens de la ville , qui crurent qu'il suffisait de savoir fabriquer une sonde pour faire un puits foré, et l'opération, comme il n'était que trop probable, fut manquée (1). Après un travail affreux et des plus opiniâtres , après avoir cassé, dans le trou de la sonde, des outils qui ne furent pas retirés ; enfin, contrariés par la nature du terrain qu'ils ne savaient pas maîtriser, ces entrepreneurs eurent des éboulemens qui les forcèrent à abandonner ce forage.

Cette malheureuse tentative, passez-moi l'expression , fut un coup de mort pour l'industrie des puits artésiens dans les Pyrénées-Orientales. Les propriétaires qui s'étaient inscrits pour avoir la sonde , effrayés par les frais énormes qui avaient été faits à Perpignan, renoncèrent à chercher des eaux jaillissantes. Plusieurs années s'écoulèrent sans qu'on osât reparler de puits forés dans ce département.

Cependant, en 1832, M. *Fraisse* dirigea pour M. *Garcin*, député de ce département, un sondage à Taxo, près Argèles, sur la rive droite

____

(1) Voyez ci-dessus, page 7, les conditions à exiger d'un bon fontainier-sondeur.

du Tech, et après avoir traversé 90 mètres de sable marin et de tuf argilo-marneux de relais de la Méditerranée ou d'alluvion d'une époque récente pour les géologues, il obtint une source abondante d'eau douce, qui s'arrêta à 3^m,20 au dessous de la surface du sol, et dont un piston de 0^m,11 de diamètre placé dans le tuyau de sondage, après deux heures de mouvement, ne put faire diminuer le niveau.

Ce succès décida M. *Durand*, également député des Pyrénées-Orientales, à faire une semblable tentative dans son domaine de Bages, situé sur le plateau tertiaire des Aspres, entre le Tech, la Thet, le Canigou et la mer. Elle fut confiée, d'après les conseils de M. *Fraisse*, à MM. *Fabre* et *Espériquette*, serruriers-mécaniciens à Perpignan.

A 25^m,30 de profondeur, ils firent jaillir à 2^m,50 au dessus du sol une source d'eau douce, donnant 250 litres par heure, d'excellente qualité, à 17 degrés centigrades.

D'après le succès de ce premier sondage, M. *Durand* fit faire, à peu de distance, un second puits. A 25^m,50, MM. *Fabre* et *Espériquette* reconnurent la même source, qui jaillit comme la première, et sans aucunement lui préjudicier ou l'altérer.

(13)

A 33^m,5o on trouva une seconde source jaillissante dans un banc de sable.

A 47^m,10 la sonde s'enfonça subitement de 1^m,6o, comme si elle fût tombée dans un vide ; on entendit dans le coffre du sondage un bruit souterrain, un bouillonnement tellement fort, que les ouvriers s'enfuirent croyant que la terre s'abîmait sous leurs pieds. Lorsqu'ils revinrent, à mesure qu'ils retirèrent la sonde, il s'éleva un jet impétueux d'eau, d'air, de sable et d'argile, avec une telle violence que les ouvriers, quoique encouragés par ce succès aussi extraordinaire qu'inattendu, éprouvèrent beaucoup de gêne pour continuer leur travail.

Enfin, lorsque la sonde fut entièrement enlevée, cette source se développa en magnifique gerbe d'eau surgissant, retombant avec fracas, et formant une large nappe d'eau, à laquelle tout le monde, avec un enthousiasme qu'il est impossible de décrire, s'empressa de creuser un lit pour contenir l'impétueux torrent qui débordait de toutes parts.

D'après les premiers jaugeages qui furent faits, cette source fut estimée donner 2,88o mètres cubes par vingt-quatre heures ; mais, d'après les calculs et les expériences de M. *Fraisse*, elle donne 1,632 mètres, résultat encore supérieur à celui des plus beaux puits forés que nous connaissions. Au reste, cette différence, qui souvent a été reconnue dans les produits de ces puits, peut provenir de la hauteur à laquelle a été fait le jaugeage au dessus de la surface du sol.

L'impétuosité du jet n'a pas permis de s'assurer de la hauteur à laquelle cette source aurait repris son niveau ; isolée et maintenue dans un tube, elle donnait encore, à 4 mètres de hauteur au dessus de ce tube, un jet puissant qui formait une superbe gerbe retombant avec violence.

Les terrains traversés, examinés et décrits par M. *Marcel de Serres*, sont des sables, des argiles et des marnes argilo-schisteuses dans lesquelles se sont trouvés des fragmens de jayet-lignite ramenés par la sonde.

Cet admirable puits foré, qui n'a coûté que 370 francs pour son forage, est d'autant plus important qu'il permet à M. *Durand* d'élever une usine et d'arroser plus de 100 hectares de terre, qui seront désormais à l'abri de sécheresses qui les frappaient trop fréquemment de stérilité.

Aussitôt la nouvelle du succès que MM. *Fabre* et *Espériquette* venaient d'obtenir à Bages, le conseil municipal de Rivesaltes s'est empressé de les appeler pour leur confier le forage d'un puits artésien qu'il voulait faire sur la place publique de cette ville.

Rivesaltes est situé sur la rive droite de l'Agly, à l'extrémité septentrionale de la plaine du Roussillon, à 40 mètres, au plus, au dessus de la Méditerranée.

Le terrain est de même nature qu'à Bages. A 52 mètres (161 pieds) de profondeur, la sonde s'est tout à coup enfoncée de 2^m,60 de hauteur.

Au moment où elle a été retirée, une source a jailli avec impétuosité, et au moyen d'un tube, elle s'est élevée à plus de 7 mètres (21 pieds), formant encore à cette hauteur au dessus du tube un jet élevé très violent.

Cette source donne environ 900 litres par minute, ou 1,296 mètres cubes d'une eau excellente, que les habitans préfèrent même à celle de la rivière de l'Agly. Après avoir assaini les rues de la commune de Rivesaltes, et fourni au service de l'abattoir, ses eaux sont employées pour l'arrosage des jardins.

Le puits de Rivesaltes, foré en vingt-trois jours, n'a coûté que 400 francs.

Sur le rapport de sa Commission, la Société royale et centrale d'agriculture a décidé qu'elle décernerait en séance publique, à MM. *Fabre* et

Espériquette, serruriers - mécaniciens et sondeurs à Perpignan, à chacun une grande médaille d'argent pour les puits forés qu'ils ont
établis dans le département des Pyrénées-Orientales.

Avant de terminer, nous nous empressons,
Messieurs, de vous informer que nous venons à
l'instant d'apprendre que, d'après le brillant
succès obtenu par M. *Durand,* la commune de
Bages, qui avait dépensé, il y a quelques années,
plus de 20,000 francs pour faire une fontaine
qui n'était encore alimentée que pendant l'hi-
ver seulement, au moyen d'une source, le plus
souvent à sec pendant les deux tiers de l'année,
vient de faire faire avec le même succès deux
puits forés à 250 mètres environ de distance de
ceux de M. *Durand.*

Le premier de ces puits, de 39 mètres de profondeur, a été terminé en quatorze jours. Il a
donné une source jaillissante de 0^m,054 dé diamètre, s'élevant à 0^m,66 au dessus du sol. Cette
source, qui fournit une eau d'une extrême
pureté, est consacrée au service de la fontaine
publique de Bages.

Un second puits a été immédiatement foré à
33 mètres de distance du premier, pour servir
aux besoins agricoles. Il a été percé en douze

jours. La sonde, qui était à 48 mètres de profondeur, s'est enfoncée à 51 mètres, et aussitôt qu'on l'a retirée, elle a fait jaillir une source de $0^m,121$ (4 pouces 6 lignes) de diamètre ayant une force ascensionnelle de plus d'un mètre.

La dépense de chacun de ces puits ne s'est pas élevée à plus de 230 francs.

Les sources jaillissantes de Bages reçoivent journellement de nombreux visiteurs. Beaucoup rêvent de pareils succès sur leurs propriétés. Aujourd'hui tout le monde est converti aux puits artésiens ; de toutes parts on réclame la sonde, parce qu'on se croit sur une mer bienfaisante qui ne demande que des issues pour enrichir le sol le plus aride.

Enfin, le département des Pyrénées-Orientales est dans l'enthousiasme de ces admirables résultats, des eaux abondantes lui promettant que, désormais, ses récoltes seront à l'abri des sécheresses dévorantes qui le désolaient si fréquemment.

26 avril 1835.

HÉRICART DE THURY.

IMPRIMERIE DE Mme HUZARD (NÉE VALLAT LA CHAPELLE), rue de l'Éperon, n° 7.